INVENTAIRE
S 28,053

MANUEL
DES COMICES
DE L'AGRICULTURE MODERNE

PAR

G. DE GROUSSEAU,
Directeur de la Colonie agricole des Bradières.

Répandez les saines idées économiques.
NAPOLÉON III.

L'amélioration des campagnes importe plus que l'embellissement des villes.
NAPOLÉON III.

Prix : 75 centimes.

POITIERS
CHEZ LÉTANG ET GIRARDIN, LIBRAIRES.

PARIS
LIBRAIRIE AGRICOLE DE LA MAISON RUSTIQUE
RUE JACOB, 26

1865

S

MANUEL

DES COMICES

DE L'AGRICULTURE MODERNE

PAR

G. DE GROUSSEAU.

Directeur de la Colonie agricole des Bradières.

DÉPOT LÉGAL
Vienne
n° 2[illegible]
186[illegible]

Répandez les saines idées économiques.
NAPOLÉON III.

L'amélioration des campagnes importe plus que l'embellissement des villes.
NAPOLÉON III.

Prix : 75 centimes.

POITIERS
CHEZ LÉTANG ET GIRARDIN, LIBRAIRES.

PARIS
LIBRAIRIE AGRICOLE DE LA MAISON RUSTIQUE
RUE JACOB, 26

1865

28053

MANUEL

DES COMICES

DE L'AGRICULTURE MODERNE

EXPOSÉ.

Le temps et les faits ont marché depuis l'époque où Jacques Bujault donnait au public agricole le *Guide des comices et des propriétaires*, qui n'a pas été un de ses moindres titres à la renommée et à la reconnaissance qui grandissent de jour en jour autour de sa mémoire.

Cet appel à l'esprit d'association en faveur de l'agriculture, dans un temps où la plupart des têtes étaient tournées ailleurs, fut un acte de prévoyant patriotisme et de courage. Ce fut aussi l'œuvre sagement étudiée des besoins du moment et des moyens d'y satisfaire. Mais, hélas ! Bujault s'en plaint amèrement lui-même, tout alors était à créer à la fois; le nom même de *Comice agricole* était une nouveauté ; la manière d'en former un était inconnue et livrée au hasard des fantaisies individuelles. — « Ceux qui les composent, disait » Bujault, sont des hommes consciencieux, in- » struits, honorables, amis du pays, et qui veu-

» lent sincèrement l'amélioration de l'agricul-
» ture; il ne leur a manqué qu'une organisation.

» Définissons le comice : *c'est une association*
» *de propriétaires et de cultivateurs*. Mais on a cru
» que c'était simplement une *réunion* d'individus
» où chacun devait dire son avis. C'est la source
» du mal, tandis qu'on s'associe pour faire en
» commun, suivant la position et le pouvoir de
» chaque associé. »

Ce qu'il s'agissait de faire en commun n'était guère plus défini que l'art de s'organiser en société n'était compris.

Bujault, en se jetant dans la mêlée pour mettre un peu d'ordre et de lumière à travers ce chaos, est nécessairement obligé de se livrer à des développements qui sont aujourd'hui des hors-d'œuvre, en présence des prescriptions de notre législation elle-même sur les associations agricoles, ainsi que de la disposition beaucoup plus générale des esprits à ne pas vouloir ignorer les choses de l'agriculture.

Son *Guide des comices* a donc, comme tout ce qui est de ce monde, subi l'action du temps; il a vieilli pour ce qu'on pourrait appeler ses parties de circonstance, quoiqu'il soit encore excellent à consulter sur beaucoup de points essentiels que son style pittoresque a le don de rendre populaires.

Or, une telle situation n'appelle-t-elle pas un travail nouveau qui, profitant de celui de l'illustre agronome de Chaloue, y joignant autant que possible les notions acquises depuis qu'il a écrit, réunirait ainsi, dans un court précis, l'ensemble des données à l'usage des comices du présent, des comices de l'agriculture moderne? Il semble qu'en effet l'œuvre ne serait pas inutile et qu'elle viendrait à son heure.

Mais, si elle a de quoi tenter par son importance, elle a de quoi effrayer par sa difficulté, et certes il a fallu que le dévoûment à la cause du progrès agricole fût plus fort que toute autre considération, pour que je n'aie pas laissé à de plus habiles le soin de combler la lacune. Mais elle est peut-être une des raisons qui expliquent le mieux pourquoi les comices, selon le droit nouveau, sont si lents à se multiplier, et pourquoi ceux qui existent ne portent pas toujours à sa hauteur le drapeau du progrès agricole. On hésite, on tâtonne faute de bien voir son chemin. Essayons donc de fournir l'indicateur et la carte.

CHAPITRE PREMIER.

DOUBLE ASPECT DES COMICES — ADMINISTRATIF — AGRICOLE.

La vie d'un comice moderne se divise en deux parts, comprenant, d'un coté, ses rapports administratifs, et, de l'autre, ses attributions agricoles. Des règles de conduite toutes tracées d'après l'expérience existent pour les deux cas. Mais on ne se rend peut-être pas assez compte, partout et toujours, de la parfaite simplification de la tâche des comices, s'ils savaient se renfermer exactement dans ces cadres préparés de leurs travaux. Rien n'est plus commun que d'entendre, encore à présent, dans une réunion d'agriculteurs, raisonner comme si la question des comices et de l'exercice de leurs pouvoirs était un problème à l'étude, où chacun aurait à se mettre en frais d'imagination pour inventer des plans et donner son itinéraire. Non, Messieurs, épargnez-vous ces longueurs superflues. Votre tâche n'est pas là : vous n'avez pas à proposer des découvertes.

Le gouvernement impérial, qui ne s'occupe pas à demi des intérêts de l'agriculture, a pourvu à la difficulté. Le code de procédure agronomique n'est pas à faire ; occupons-nous plutôt de connaître et d'appliquer celui qui est fait et bien fait.

§ Ier. — FONCTIONNEMENT ADMINISTRATIF.

1° *Organisation.*

La loi du 25 mars 1851, et le décret de mars 1852, qui l'a modifiée, ne limitent pas le nombre des comices à fonder : « Il sera, dit la loi, établi » dans chaque arrondissement *un* ou *plusieurs* » comices agricoles. « Les circulaires de l'administration centrale de l'agriculture supposent que ce mot *plusieurs* aura été interprété dans son acception la plus large, et que chaque canton de quelque importance sera jaloux de constituer son association locale. Mais, qu'un comice soit de canton, d'arrondissement ou de département, la loi du 25 mars ne distingue pas sur la manière de recruter son personnel et de poser ses bases. Elle dispose pour toute catégorie :

« Art. 2 Ont le droit de faire partie du comi- » ce, en se conformant au règlement, les pro- » priétaires, fermiers, colons et leurs enfants » âgés de 21 ans, domiciliés ou ayant leurs pro- » priétés dans la circonscription du comice. Les

» comices pourront, en outre, admettre par des » délibérations spéciales, prises à la majorité » des deux tiers des votants, les personnes qui » ne remplissent pas les conditions prescrites » par le paragraphe précédent, jusqu'à concur- » rence du dixième du nombre de leurs mem- » bres. »

Les personnes qui, conformément à cet article, se sont entendues pour fonder entre elles un comice, de quelque ordre qu'il soit, ont à rédiger un règlement constitutif de leur société, lequel *devra être soumis à l'approbation du préfet*. (*Loi du 25 mars* 1851.)

Les comices nomment *pour un an* et *à la majorité absolue des suffrages* leurs président, vice-présidents et secrétaires (*art.* 3 *et* 11 *combinés*), qui sont *toujours rééligibles* (art. 10).

Figurons-nous un canton occupé d'organiser, dans cet ordre d'idées, le comice de sa région ; voici, par aperçu, la formule de règlement ou statuts qu'il pourrait soumettre à l'approbation du prefet :

Art. 1er. Il est établi, pour le canton de , arrondissement de , un comice agricole, conformément à la loi du 20 mars 1851, à partir du jour où son acte constitutif aura reçu de M. le préfet l'approbation requise par l'art. 2, § 3, de ladite loi.

2. Ont le droit de faire partie du comice, en se conformant au présent règlement, les propriétaires, fermiers, colons et leurs enfants âgés de 21 ans, domiciliés ou ayant leurs propriétés dans la circonscription du comice (canton de).

Le comice pourra, en outre, admettre par des délibérations spéciales, prises à la majorité des deux tiers des votants, les personnes qui ne remplissent pas les conditions prescrites par le paragraphe précédent, jusqu'à concurrence du dixième du nombre de ses membres.

3. L'adhésion au présent règlement implique deux obligations principales, savoir : 1° de verser au trésorier du comice, dans les trois premiers mois de chaque année, une cotisation de francs ; 2° d'assister exactement aux séances dûment indiquées, autant que possible et à moins d'excuse valable.

4. La première réunion du comice a lieu sous la présidence du plus âgé des membres présents sachant lire et écrire, lequel choisit son secrétaire. On procède immédiatement à la formation du bureau définitif.

5. Ce bureau est composé d'un président et d'un vice-président, d'un secrétaire et d'un vice-secrétaire, et d'un trésorier.

6. Il est fait un scrutin à part pour l'élection du président et du vice-président, et un autre scrutin pour la nomination des secrétaires et du trésorier.

Les membres du bureau sont nommés pour un an et indéfiniment rééligibles.

7. Le lieu de réunion ordinaire du comice est à

8. Toute délibération prise en séance régulièrement convoquée sera valable, quel que soit le nombre des assistants

9. Procès-verbal de chaque séance est dressé par les soins du bureau, qui en garde minute signée de lui. Les frais de bureau sont pris sur le montant des cotisations. Aucune impression, abonnement ou achat de livres n'a lieu sans une autorisation spéciale et formelle délibérée par l'assemblée.

10. Le but du comice est exclusivement agricole ; toute discussion politique y est interdite.

11. Outre les attributions générales mentionnées à l'art. 5 de la loi du 20 mars 1851, le comice s'occupe des propositions particulières qui lui sont régulièrement soumises par l'intermédiaire du bureau.

12. La prise en considération et le moment de discuter ces propositions sont fixés par l'assemblée.

13. Le comice se réunit en session ordinaire quatre fois par an. Chaque réunion a lieu dans le courant du premier mois de chaque trimestre, au jour indiqué d'avance par les lettres de convocation.

Le comice se réunit extraordinairement toutes les fois que cela est nécessaire.

14. Les questions à examiner sont fixées d'avance par un ordre du jour. Aucune question incidente ne pourra intervenir qu'après épuisement de cet ordre du jour ; aucune ne pourra non plus être mise en délibération qu'après avoir été précisée par écrit, soit par son auteur lui même, soit par le bureau.

15. Chaque membre est libre de choisir les questions qu'il préfère examiner et les commissions dont il aime mieux faire partie.

16. Les préceptes de la *Maison rustique du* XIXe *siècle* sont pour le comice agricole de   le code du droit commun, sauf les exceptions qui auront pu être admises, après délibération spéciale dans les formes ci-dessus.

17. La tenue de ses concours, la distribution de ses récompenses se feront en conformité des instructions de l'administration centrale de l'agriculture et d'après les règles usitées pour les concours régionaux.

18. Le président convoque aux séances par

lettres indicatives des matières à l'ordre du jour. Il a la direction des débats.

Voilà donc le comice légalement installé. Combien aura-t-il de membres inscrits sur sa liste?

Si les propriétaires, si les agriculteurs de toute classe avaient la saine et vive intelligence de leurs plus chers intérêts, la liste des adhérents au comice serait aussi longue que celle des habitants, propriétaires ou tenanciers de sa circonscription. Mais, avant que cette vérité ait pénétré la masse des retardataires, il faudra répéter encore souvent ce qu'a dit Jacques Bujault sur ce chapitre aux faiseurs d'objections de son temps :

« Je ne cultive point, me direz-vous ; j'habite la ville ; je remplis une fonction qui absorbe tout mon temps ; enfin je ne suis pas laboureur, j'ai d'autres goûts et d'autres habitudes.

» Vous dites bien.... Mais vous avez un ou plusieurs domaines qui sont près de votre habitation ou éloignés. Associez-vous à ces comices, ils vous diront : 1° quelles sont les conditions améliorantes que vous devez insérer dans vos baux ; 2° ils en surveilleront eux-mêmes l'exécution.

» Ainsi vous améliorerez sans peine votre héritage, *vous prêcherez d'exemple*, vous augmenterez votre capital immobilier, et payerez une dette sacrée à la société qui vous protège.

» Figurez-vous cet accord unanime des propriétaires cédant aux sollicitations des comices où ils possèdent, imposant des *conditions améliorantes*, peu étendues d'abord, mais qui augmenteront avec le temps et les progrès.

» Dites-le moi, dans la sincérité de votre âme, ne ferez-vous pas faire un pas immense à l'agriculture? ne jetterez-vous pas sur le sol *une masse d'exemples* à laquelle rien ne pourra résister? »

Sans doute, éloquent apôtre de Chaloue ! Oui, vous aviez cent fois raison. Mais vous aviez raison trop tôt, et vos avis n'ont été que faiblement suivis ; peu de comices ont été établis ; peu de souscripteurs ont encouragé ceux qui ont eu le courage de naître.

A quoi bon les *comices*, on disait même en dérision les *comiques agricoles?* Est-ce avec une réunion de cinq à six rêveurs se donnant mission de haranguer à leur façon et à leur jour les agriculteurs d'une contrée, est-ce avec quelques manifestations isolées, éparpillées, sans lien entre elles, sur la surface de la France, qu'on pourra régénerer l'agriculture de tout un pays ? Autant ne rien faire que de ne faire que des riens! et, sur la foi de ces décevants subterfuges, on se retranchait dans un stérile *statu quo*.

Il fallait à ce grand mal un grand remède Ce n'était pas trop de l'intervention d'en haut, de l'énergique impulsion de l'Etat lui-même, pour combattre, pourquoi n'ose-t-on pas encore dire changer? de si fâcheuses dispositions.

La loi du 25 mars 1851 et le décret-loi du 20 mars 1852 y ont avisé. Ils ont donné à l'agriculture une représentation légale, une organisation officielle, dont il ne dépend plus que d'elle de se servir. L'isolement n'est plus une excuse à la paresse. Un agriculteur, membre d'un comice, n'est plus un agriculteur seul. Un comice intelligent et conforme à la loi n'est plus un corps isolé; il peut, lui aussi, s'appeler légion.

Il est associé solidaire dans la compagnie générale des comices pour l'émancipation et le progrès de l'agriculture française.

Il peut, aux termes de l'article 5 de la loi du 25 mars 1851, « correspondre avec la chambre d'agriculture. » Or cette chambre, à son tour, est en droit (art. 14) de « présenter au gouvernement ses vues sur toutes les questions qui intéressent l'agriculture. »

On ne saurait concevoir un enchaînement plus simple et plus complet. Associez-vous en comices ; entendez-vous sur vos intérêts ; *ayez des vues*, faites-les valoir par l'entremise des chambres d'agriculture ; souvenez-vous que vous avez affaire à un gouvernement franchement, sincèrement agricole, et ne manquez pas l'occasion que vous attendiez depuis des siècles, sans la voir venir.

Tant de bonnes raisons de vous inscrire au comice m'autorisent à supposer que vous êtes inscrit ; examinons donc à présent la suite des rapports de votre comice avec l'administration qui lui a donné ses cadres et sa sphère d'activité.

2° *Formalités diverses.*

Chaque année, le Corps législatif inscrit au budget une somme plus ou moins ronde, et toujours trop faible, *pour encouragements à l'agriculture.*

Tout comice bien avisé se mettra en mesure de participer à la répartition de ce crédit. C'est l'affaire du président et du bureau, qui devront à cet effet correspondre, en délai utile, avec le ministère de l'agriculture, produire devant lui tous les documents et pièces justificatives qu'exige l'administration pour faire droit aux demandes qu'on lui adresse.

Ce travail n'est ni compliqué ni difficile, mais il demande la plus stricte exactitude. On en jugera par la citation qui suit et qui est textuellement extraite des instructions ministérielles :

« Je joins ici trois exemplaires d'un bordereau sur lequel vous aurez à remplir les indications laissées en blanc, avec les détails demandés. Lorsque ces bordereaux seront remplis, vous devrez en envoyer deux exemplaires, *avant la fin du mois d'octobre prochain* (par l'intermédiaire de M. le Sous-Préfet, pour les associations qui ne sont pas situées dans l'arrondissement chef-lieu), à M. le Préfet, qui en conservera un et me fera passer l'autre immédiatement avec ses observations.

» Je vous invite, aussitôt que cet envoi aura été effectué, à vouloir bien m'en donner avis.

» Je dois vous avertir que, si je n'avais pas reçu ce bordereau pour l'époque qui vient d'être fixée, je me verrais dans l'obligation de supprimer l'allocation l'année prochaine.

» Plusieurs associations ayant réclamé très-tardivement cette formule de bordereau, qu'elles annonçaient n'avoir pas été jointe à la lettre d'avis, je vous invite, dans le cas où, en effet, les trois exemplaires dont je viens de parler n'accompagneraient pas la présente lettre, à les réclamer *sans aucun retard*. Si cette réclamation ne m'est pas adressée, *j'en conclurai que les bordereaux vous sont parvenus.* »

Les renseignements que doivent contenir ces bordereaux sont très-étendus et très-variés ; ils ont rapport à la situation générale de chaque comice, à son époque de fondation, à sa circonscription, au nombre de ses associés, au personnel formant le bureau, etc.

Un état de recettes et de dépenses pour chaque exercice y est minutieusement détaillé. Il constate à quoi l'argent a été employé : primes, médailles, achats d'animaux domestiques, d'instruments, de livres; frais d'impression, de bureau, de concours agricoles; enfin dépenses diverses.

Le chiffre de chaque prime, le nom et l'adresse du primé, le motif de la prime doivent être indiqués, d'après les procès-verbaux *qui*, disent les instructions administratives, *doivent toujours être dressés à l'occasion des distributions de primes.*

Toute cette besogne suppose chez ceux qui en sont chargés du temps de libre et du zèle sincère pour la cause du progrès agricole. Ce ne sont pas toujours ceux qui font le plus d'étalage au jour d'apparat qui soutiennent le mieux, dans le silence de la vie ordinaire, ces conditions de patience persévérante et de labeur sans éclat. C'est aux membres du comice d'y prendre garde, quand ils élisent leurs bureaux, car de la ponctualité de ceux-ci dépend, en grande partie, le succès des demandes nouvelles qu'on formera pour l'exercice suivant. Il est tout simple que le ministère dote de préférence ceux qui comprennent et exécutent le plus scrupuleusement ses intentions.

Mais alors, dira-t-on, un comice n'est donc plus qu'un bureau de plus; on n'est donc pas libre? Si, vous êtes parfaitement libre; mais seulement, si vous ne voulez faire qu'à votre tête, ne vous étonnez pas de ne faire aussi qu'à vos frais. Vous quittez l'armée pour guerroyer en partisans, bonne chance! mais l'armée n'éparpillera pas ses ressources et ses plans à cause de vous.

Le ministère recommande aussi que les demandes qu'on lui présente ne soient pas banales, *qu'elles s'appuient, autant que possible, sur des faits,* qu'elles motivent leurs chiffres par l'indication des primes et médailles que l'on a l'intention de distribuer, des animaux ou instruments qu'on desire acheter, etc.

Le président du comice, afin de mieux caractériser la nature des besoins qui lui sont propres, est prié de joindre aux renseignements qui précèdent tous ceux qui seraient restés en dehors du compte rendu et des procès-verbaux d'opérations de l'association qu'il représente.

Est-il besoin de dire combien il importe à un comice d'avoir pour président un homme capable de bien étudier, de bien saisir et d'exposer habilement les besoins de sa circonscription? Il y faut, si on l'a sous la main, un homme de plume et de charrue tout à la fois, un homme de pratique et de théorie, également initié aux merveilles du progrès qu'il aime, et aux défaillances de l'arriéré, qu'il corrige mais ne décourage pas. Une main dans la main du cultivateur, l'autre main dans celle d'une administration protectrice de l'agriculture, un tel homme sera le trait d'union qui rendra fertiles leurs efforts à tous, parce qu'il aura placé entre eux le lien de la confiance.

Quand l'argent sollicité a été reçu, il y a encore lieu de tenir compte, pour l'employer, de certaines prescriptions d'ordre public. Elles sont énumérées dans l'instruction ministérielle suivante:

« MM. les membres des sociétés d'agriculture et des comices voudront bien ne pas perdre de vue :

» 1° Que les subventions accordées sur le crédit d'un exercice ne peuvent être appliquées qu'à des dépenses appartenant au même exercice, c'est-à-dire accomplies au plus tard le 31 décembre, attendu que, d'après les règles de la comptabilité, toutes les sommes non employées doivent faire retour au Trésor;

» 2° Que, les payeurs ne pouvant accorder qu'un mois pour la remise des pièces justificatives de l'emploi des sommes dont ils ont fait l'avance (art. 72 de l'ordonnance du 31 mai 1838), il est nécessaire que les trésoriers de sociétés et comices ne réclament la délivrance de ces fonds qu'à l'époque où ils devront en faire usage ;

» 3° Qu'il ne pourra être accordé de nouvelles allocations qu'aux associations qui auront justifié convenablement de l'emploi des sommes allouées l'année précédente. »

L'accomplissement des diverses formalités qui précèdent, les relations indispensables avec la préfecture, etc., nécessitent une correspondance plus ou moins active et volumineuse, dont les frais auraient pu peser d'un poids appréciable sur le budget exigu des comices, ou même arrêter l'essor des communications les plus désirables.

Une décision du ministère des finances a levé cet obstacle à l'expansion des idées agronomiques et des corps agricoles entre eux, ainsi qu'il résulte de la circulaire suivante du ministère de l'agriculture, date du 4 novembre 1851 :

« J'ai l'honneur de vous donner avis de la décision prise, le 9 octobre dernier, par M. le Ministre des finances, relativement aux franchises postales :

« A l'avenir, le contre-seing du Ministre de » l'agriculture et du commerce opérera les fran- » chises des correspondances de son départe- » ment pour les présidents des comices agricoles » et des chambres d'agriculture dans toute l'é- » tendue de la République.

» Les présidents des chambres d'agriculture » sont autorisés à correspondre en franchise, » *sous bandes*, dans toute l'étendue du départe- » ment, avec :

» 1° Les préfets;
» 2° Les présidents des sociétés d'agriculture;
» 3° Les présidents des comices agricoles.

» Les présidents des chambres d'agriculture » sont autorisés, en outre, à correspondre en » franchise, *sous bandes*, avec le président du » conseil général d'agriculture établi près le mi- » nistère de l'agriculture et du commerce à Pa- » ris, mais seulement pendant la durée de la » session légale de cette assemblée. »

» Ces exemptions seront, du reste, soumises aux règles générales et aux prescriptions indiquées dans l'ordonnance du 17 novembre 1844 pour les franchises postales. »

Tels sont les rapports et le fonctionnement administratifs des associations agricoles. Nous les suivrons maintenant en plein air, dans l'exercice pratique de leur mission agricole.

§ II. — FONCTIONNEMENT AGRICOLE.

1° *Circonscriptions.*

Les comices, dit la loi du 25 mars 1851, art. 5, « sont particulièrement chargés des intérêts » agricoles pratiques, du jugement des concours, » de la distribution des primes ou autres récom- » penses, dans leur circonscription. »

Tout aussitôt une question fondamentale s'agite sur ce dernier mot « leur circonscription. » Que devra-t-elle être ?

Un canton, disent les uns, un arrondissement, répliquent les autres. Ah ! s'écrie-t-on ailleurs, c'est bien assez d'une société par département, si l'on veut réunir des hommes instruits et des souscriptions suffisantes pour donner des fêtes capables de faire impression aux cultivateurs.

Nous croyons, nous, que la meilleure manière de résoudre le problème est d'admettre concurremment les trois espèces de comices, au lieu de se borner à une seule catégorie exclusivement. Qu'on pèse bien tout ce qu'expriment ces paroles,— « les intérêts agricoles pratiques ; » qu'on se pénètre de l'idée qu'il s'agit de s'en occuper, non pas à la légère, une fois en passant chaque année, mais sérieusement, minutieusement, sans cesse, afin d'exercer une influence véritable sur toutes les classes d'agriculture.

On comprendra alors que ce n'est qu'en se mettant tous à l'œuvre commune et en se la partageant, que les comices peuvent concevoir l'espérance d'atteindre leur but.

Qui trop embrasse mal étreint. Une circonscription trop étendue aura toujours l'inconvénient de n'être qu'imparfaitement connue du comice chargé pourtant de ses intérêts agricoles pratiques.

L'administration de l'agriculture, trop éclairée pour ne pas sentir ces difficultés, conseille d'y remédier en transportant, chaque année, des manifestations de grands comices dans des cantons différents. Faute de mieux, ce palliatif produira ce qu'il pourra. Mais il est douteux qu'on puisse ainsi aller au fond du mal.

Admettons donc, par hypothèse du moins, un département, celui de la Vienne par exemple, organisé sur le pied que nous appellerons normal et possédant : 1° des comices de canton, un par canton ; 2° des comices d'arrondissement, un par arrondissement ; 3° et enfin une société départementale d'agriculture.

2° *Attributions.*

Il conviendra d'abord de fixer à chacun ses attributions propres, de définir et de régler les rapports de comice à comice et, en un mot, de former une hiérarchie représentative de l'agriculture embrassant tout, sans confusion nulle part.

Y a-t-il à cela plus de difficulté qu'à distinguer, par exemple, un ressort et une compétence de justice de paix de la compétence et du ressort d'un tribunal de première instance ou d'une cour impériale ? La nature des choses atteste que non.

Le gouvernement impérial ne s'y est pas trompé, quand il a voulu organiser un service permanent d'enquête statistique. Ses commissions partent du canton pour remonter, par l'arrondissement, jusqu'au département et à l'Etat.

Qu'on feuillette un cahier cantonal soigné de ces statistiques agricoles..... Vingt pages de questions et de chiffres en colonnes serrées passeront sous les yeux du lecteur, qui trouvera dans cette revue de quoi se convaincre que les intérêts agricoles pratiques d'un seul canton sont déjà une étude assez considérable pour qu'un comice cantonal, qui prendra sa tâche au sérieux, n'ait pas besoin d'un plus vaste théâtre.

Il aura déjà un grand mérite, s'il sait s'arranger de manière à posséder à fond son canton, personnes et choses ; s'il parvient à poser avec sûreté les principes généraux qui doivent y recevoir l'application locale; s'il agit avec la prudence et le tact qui n'effarouchent pas la confiance du campagnard, tout en saisissant l'à-propos de toute innovation utile, dès qu'elle est à son heure de maturité.

Ce sont là des nuances délicates qu'on ne peut discerner que sur les lieux mêmes.

Une assemblée d'arrondissement et, à plus forte raison, de département, eussent-elles à leur disposition les longues vues de l'Observatoire, ne sauraient pénétrer dans tous ces mystérieux détails de sols variés, d'esprits différents, dans dix ou trente cantons lointains, quand les constatations sont déjà épineuses pour et par un canton unique.

Ainsi donc le comice cantonal aurait pour premier devoir celui de dresser une sorte d'état des personnes et des lieux de sa circonscription, inventaire descriptif et dénombrement.

Il déclarerait quels sont en conséquence les principes de conduite qu'il adopte comme moyens le mieux appropriés chez lui à la propagande du progrès.

Advenant la circonstance de concours et de distributions de primes, il dirigerait, d'après les mêmes principes, la répartition de ses récompenses.

Enfin il agirait par voie d'exhortation pressante, si ce n'est même par un engagement formel exigé des lauréats du concours cantonal, afin d'assurer leur présence au prochain concours d'arrondissement avec les objets primés au canton.

Une partie des ressources du budget cantonal serait réservée, au besoin, pour aider les lauréats nécessiteux à supporter les frais de comparution au concours d'arrondissement.

Ce point de départ une fois bien établi, le reste coule de source. Le comice d'arrondissement n'a plus qu'à lire ses cahiers de canton pour connaître sa circonscription ; il n'a plus qu'à ouvrir les stalles dont le nombre lui est désigné par la liste des concours cantonaux de sa circonscription qui ont précédé le sien et qu'il va contrôler par son verdict de juridiction supérieure.

L'arrondissement admettrait, bien entendu, à concourir devant lui, non-seulement les lauréats de première instance précités, mais encore tous ceux qui jugeraient à propos de comparaître dans les conditions du programme.

On pourrait, d'ailleurs, établir deux luttes distinctes : l'une de lauréats cantonaux entre eux, l'autre entre concurrents ordinaires.

Il est clair que chaque comice d'arrondissement apprécierait ces détails à sa guise, et qu'on ne parle ici que de l'agencement général du système.

L'arrondissement ajouterait aux expériences de labourage ordinaire, qui resteraient plus particulièrement pratiquées aux concours de canton, celles des labours par instruments spéciaux, tels qu'extirpateurs, houes à cheval, charrues sous-sol, défonceuses, etc. Les instruments améliorés de toute sorte y seraient aussi éprouvés.

Comme précédemment au canton, les lauréats du tournoi d'arrondissement seraient ajournés, encouragés, aidés même, s'il fallait, à faire partie du concours supérieur que la société départementale produirait à son tour, et qui serait comme le résumé et le couronnement suprême de tout le mouvement précédent.

Munies de tous les faits et de tous les documents écrits qui en seraient ressortis, la société aurait en main les éléments d'observations prises sur le vif de la pratique et de l'actualité. Elle en profiterait pour donner à sa part d'intervention le sens dirigeant, le caractère dogmatique qui sied à un corps placé au sommet de la hiérarchie.

La solennité annuelle de la société de département serait une manière de concours régional au petit pied.

3° *Système échelonné.*

Par ce système échelonné, par cette division du travail basée sur la division administrative des territoires, on serait assuré de ne laisser aucune partie de l'Empire en dehors de l'action des comices, et les objections qui, dans les anciennes combinaisons, s'opposaient à l'organisation des comices cantonaux ne seraient plus de saison.

On disait qu'ils feraient double emploi aux comices d'arrondissement: nous venons de montrer le contraire ; qu'il n'y aurait pas au canton les éléments, en personnel, d'un comice : nous avons les commissions de statistique pour répondre, et nous ajoutons ceci : Si vous exigiez d'un comice cantonal les travaux d'un jury de région, peut-être auriez-vous raison de craindre son insuffisance ; mais, borné à son chez-lui, renfermé dans ses attributions du premier degré, il sera juge compétent, pratique et zélé.

Mais où prendra-t-il des recettes? D'abord, ne se croyant plus obligé à imiter le luxe des grands concours, agissant en famille, il lui faudra moins d'argent. Ensuite on se trompe si l'on croit que les habitants de la campagne ne savent pas s'imposer à propos un sacrifice dont l'utilité vraie leur est démontrée. La campagne est le foyer domestique du patriotisme et du bon sens. Prouvez que le comice cantonal est la première assise de l'agriculture nationale en progrès, et le denier du laboureur même ne lui manquera pas.

D'ailleurs l'administration, qui déjà verse ses encouragements à la caisse de comices décousus, serait-elle donc sans entrailles pour les comices hiérarchisés ?

On aura donc, quand on voudra, les hommes, l'argent, la destination de chaque catégorie de comices, et, par les comices gradués, on aura partout le progrès en action, l'agriculture moderne en marche.

Or qu'est-ce que l'agriculture moderne ?

CHAPITRE II.

BUT DES COMICES D'AGRICUTTURE MODERNE.

La Maison rustique du XIXe *siècle, encyclopédie d'agriculture pratique*, en présente la formule écrite.

Les distributions de primes d'honneur, aux concours régionaux, en offrent la réalisation vivante.

On peut la définir l'art de retirer de chaque sol son produit net le plus considérable, sans altérer la force productive du fonds.

Le secret de cette fécondité soutenue est dans l'observation de certaines règles, dans l'application de certaines méthodes qu'une longue expérience a permis de déduire de résultats obtenus dans les pays de culture avancée. Un trait caractéristique de notre époque, c'est de voir les investigations de la science s'appliquer à augmenter ce trésor des découvertes utiles à l'agriculture, avec autant d'ardeur qu'on en mettait naguère à rechercher de nouveaux procédés pour l'industrie.

Il nous faut insister sur ce point, sous peine d'avoir incomplétement exposé l'idée mère, le fondement principal et la raison d'être des comices tels que nous les demandons.

Nous aurons évité cette faute, à la satisfaction de tous sans doute, quand nous aurons répété les paroles d'un illustre savant, M. *Chevreul*, devant la Société impériale et centrale d'agriculture, en avril dernier :

« La distance qui sépare l'agriculture moderne de l'agriculture actuelle, disait-il, me conduit à appliquer la fable du Sommeil d'Epiménides à Varron, l'auteur du livre : *Rerum rusticarum de agricultura*. Supposons le célèbre agronome romain aujourd'hui rappelé à la vie, et lisant dans notre Annuaire la répartition des membres de la société en huit sections ; il ne s'étonnerait pas, sans doute, de compter parmi elle : « la grande culture, les cultures spéciales, la sylviculture, l'économie des animaux, » et même la section « d'économie, de statistique et de législation ; » mais que penserait-il des sections, « sciences physico-chimiques, histoire naturelle et mécanique ? » Il demanderait des explications ; car rien de ce que le monde romain lui avait présenté durant sa vie (de 116 à 32 ans avant J.-C.) ne pouvait lui faire soupçonner ce que serait l'agriculture au XIXe siècle de notre ère. Mais Varron, avec son vaste savoir et son esprit observateur, frappé de la différence du monde ancien d'avec le monde actuel, aurait bientôt vu que la société nouvelle, affranchie de l'esclavage par le christianisme, augmentant chaque jour en population, en même temps que l'étendue de chaque propriété arable tend à décroître, Varron, dis-je, aurait senti la nécessité absolue pour l'agriculture actuelle de tendre incessamment au maximum de production, en un mot de se livrer à la « culture intensive, » et, cette nécessité une fois reconnue, il aurait compris la part de chaque science dans cette agriculture nouvelle.

» Mais il n'aurait pas appris sans surprise qu'une science, la *chimie*, ignorée de son temps, après avoir réduit la matière en des types parfaitement définis, était parvenue à se rendre un compte exact de la composition des sols, des plantes et des animaux; de sorte que, devenue capable d'apprécier les exigences de la végétation eu égard à la terre, aux eaux souterraines et à l'atmosphère, elle peut, en considérant ce qu'exige le développement d'une plante donnée sous le double rapport de son alimentation et de sa durée, déterminer ce que l'agriculteur doit ajouter à la terre sous la forme d'engrais et d'amendement, comme « complément de ce qui lui manque pour rendre efficace la culture intensive. »

» Suffit-il à la plante fixée au sol par ses racines d'avoir à sa portée la matière qu'elle doit prendre au monde extérieur? Non, certainement. L'assimilation de cette matière à la plante exige des conditions de chaleur, de lumière solaire, d'électricité, d'humidité atmosphériques que la *physique* nous enseigne à déterminer d'une manière précise au moyen du thermomètre, du photomètre, de l'électromètre et de l'hygromètre. La physique, comme la chimie, concourt donc au progrès agricole.

» Enfin, Messieurs, la *géologie*, science nouvelle à laquelle nous devons les notions les plus précieuses sur la structure des terrains, leur ordre de superposition et la distribution des eaux dans l'écorce terrestre, forme, avec la chimie et la physique, l'ensemble des connaissances du ressort du monde inorganique sans lesquelles la science agricole moderne n'existerait pas.

» L'étude des corps vivants, au point de vue de la botanique, de la zoologie, de l'anatomie et de la physiologie, comprenant la connaissance des mœurs des animaux, n'a pas moins d'utilité pour le progrès agricole que n'en a l'étude des trois sciences du monde inorganique dont je viens de parler; car, Messieurs, n'oublions pas qu'il s'agit de la « culture intensive, » inconnue de Varron et même du XVIIIe siècle, culture dont la conséquence nous oblige d'appeler des auxiliaires.

» En effet, l'harmonie de la nature est si grande, qu'une condition nouvelle, faite à un état de chose dès longtemps existant, amène un nouvel équilibre que rarement la science humaine avait prévu, faut-il le dire? Dès lors, besoins nouveaux à satisfaire, et presque toujours inattendus.

» La suppression de la jachère a été l'origine première de la culture intensive, et ceux qui la proscrivirent avec raison ne virent pas ce qu'elle pouvait avoir de bon; et pour ceux qui ne croient pas stérile l'*étude des faits du passé*, surtout quand on les envisage relativement à la vérité dévoilée par des *faits postérieurs aux premiers*, l'histoire de la jachère ainsi envisagée n'est pas sans intérêt à une époque où le retour n'en est pas à craindre, et où l'on reconnaît d'ailleurs que si des accidents, des fléaux ont frappé nos cultures et paru nouveaux, parce qu'on n'en avait que peu ou point parlé avant la *culture intensive*, la science actuelle a fait beaucoup pour la combattre ; et si le triomphe n'est pas complet, le succès obtenu est un gage assuré d'espérance.

» Une comptabilité rigoureuse, où l'on compare les recettes aux dépenses, apprit qu'en certains cas, il eût été préférable d'abandonner une terre en jachère, au lieu de la cultiver. La chimie, en constatant alors ce qui manquait au sol effrité, indiqua par là même le moyen de remédier au mal.

L'agriculture apprit à ses dépens qu'à l'instar des animaux et de l'homme même, les plantes, à l'état d'agglomération sur un territoire peu étendu, se trouvent exposées à être frappées de maladies, auxquelles l'état d'isolement les aurait soustraites.

» Enfin il apprit encore qu'une plante cultivée en abondance est, avant la récolte, exposée à servir de nourriture à de petits insectes, à de petits mollusques, qui, eux aussi, doivent, comme espèces créées, vivre et se perpétuer jusqu'à une époque peut-être où l'homme les fera disparaître comme espèces nuisibles à son propre intérêt.

» Le premier service rendu à l'agriculture par la botanique et la zoologie a été de reconnaître que plusieurs affections des plantes cultivées, appelées *maladies*, ont pour causes immédiates des végétaux cryptogames ou des insectes. Tout le monde sait aujourd'hui l'usage du soufre pour détruire l'oïdium, et tout le monde comprend l'utilité de la connaissance des mœurs des insectes nuisibles, de leurs habitudes, et surtout de l'époque de leur multiplication, afin de frapper les ennemis de nos cultures avant qu'ils soient aptes à se reproduire.

» Enfin, messieurs, la zoologie, concourant avec

l'anatomie et la physiologie, nous éclaire encore pour connaître l'avantage que nous pouvons tirer de certains animaux qui viennent à notre aide pour détruire les animaux nuisibles dont ils se nourrissent. Une fois ces utiles auxiliaires reconnus, nous devons les traiter en amis, d'abord en respectant leur existence, puis en cherchant à les multiplier.

» C'est surtout parmi le peuple des campagnes qu'il importe de répandre ces connaissances.

» Varron serait au comble de l'étonnement, lorsqu'on lui parlerait de la part donnée aujourd'hui à la mécanique dans notre agriculture. Que dirait-il à la vue des machines à défoncer le sol, à y distribuer régulièrement les semences, à faucher, à moissonner ? Que dirait-il à la vue de la locomobile mise en mouvement par la vapeur, force aveugle plus soumise à la volonté de l'homme que ne l'est le cheval le plus docile ? S'il connaissait, avant son sommeil, le moyen d'enlever l'excès d'humidité du sol au moyen d'une pierrée ou de fascines, il eût promptement apprécié la supériorité du drainage, après qu'on lui aurait eu expliqué l'effet de la division et de l'aération du sol ; enfin, sauf l'insolation, qui n'atteint jamais à une grande profondeur, il aurait parfaitement senti que cet ameublissement et cette aération de la terre, en augmentant l'espace où les racines peuvent s'étendre et vivre, augmentent véritablement la surface du terrain arable.

» En suivant la pensée d'Epiménides, on se laisse aller naturellement à contempler le progrès de la mécanique dans les temps futurs ; on voit le service des bêtes de trait et de somme diminuer de plus en plus, la vapeur les remplacer et la tâche de l'ouvrier restreinte à la diriger. Une fois arrivé là, on se rappelle avec plaisir les

Considérations sur les machines et sur le plan incliné comme grande machine agricole, ces écrits si originaux de notre ancien correspondant, M. Auguste de Gasparin, et, en réfléchissant à l'avenir des classes ouvrières, on arrive à penser que l'opinion de l'auteur, loin d'être une utopie, pourrait un jour devenir une vérité.

» Enfin Varron, en voyant les dépendances où toutes les nations civilisées sont aujourd'hui les unes des autres, comprendrait l'addition de la *statistique et de la législation* à la section dont *l'économie agricole* est partie. Il verrait que les sciences, isolées les unes des autres à leur origine, tendent incessamment à se rapprocher, à mesure de leur progrès, et son esprit observateur aurait bientôt comparé ce rapprochement à celui des ondes d'un lac tranquille dont l'eau a été agitée en même temps à sa surface en divers points éloignés les uns des autres.

» En tout, messieurs, le temps opère des rapprochements qui rendent difficiles à maintenir d'une manière absolue beaucoup de distinctions : par exemple, le *domaine de l'agriculture*, absolument isolé du *domaine de l'industrie*.

» Certes, il y aura toujours cette différence entre l'*agriculteur*, d'une part, confiant une graine à la terre, attendant des mois entiers la plante qu'il veut récolter, et dont la végétation est absolument soumise aux agents atmosphériques, sur l'influence desquels il ne peut rien, et l'*industriel*, d'une autre part, travaillant dans des usines avec des machines et usant sans doute aussi des agents naturels, mais avec cette circonstance qu'il tient d'une science précise les moyens d'en diriger l'action à sa volonté. Cette différence existera toujours ; mais ce que les temps anciens n'avaient pas prévu, c'est l'alliance si intime existant aujourd'hui entre l'agriculture et l'industrie; celle-ci a pénétré pour toujours dans la ferme, et, sous sa direction, le sucre est extrait de la betterave ou converti en alcool; les matières amilacées, converties d'abord en sucre, le sont ensuite en alcool; la potasse, extraite des résidus de distillation, après avoir servi à la végétation, fait retour à l'homme pour satisfaire à tous les usages auxquels elle est propre.

» Voilà, à l'avantage de tous, l'alliance de *l'agriculture* avec *l'industrie*; en y ajoutant celle du *commerce*, l'agriculteur pourra se rendre un compte exact de ses opérations, en faisant la part de chaque élément qu'elles comprennent. »

CHAPITRE III.

MOYENS D'EXÉCUTIONS.—ÉTUDES.—CONCOURS.

1° *Etudes préparatoires.*

On ne saurait imaginer que chaque cultivateur puisse approfondir personnellement tout cela. Mais on comprend à merveille qu'un comice se tienne au courant; qu'il fasse la part à sa circonscription; qu'il substitue peu à peu de bonnes habitudes aux coutumes vicieuses, et transforme, à la fin, tout un pays, s'il y met du zèle et de l'esprit de suite, s'il s'est fait, dans ce but, à l'avance un plan sérieusement étudié, un programme de position dont les développements seront ensuite proportionnés aux possibilités de chaque auditoire. N'en est-il pas ainsi de tous les enseignements ?

On ne jette pas d'un seul coup à la tête du néophyte le corps entier de la science qu'il a à apprendre. Mais le maître sait, lui, tout le programme et il se réserve, en faisant faire tel pas à son élève, de lui rendre facile le pas qui vient après.

Quelque élémentaire que soit, en matière ordinaire, cette vérité qu'avant de faire sa leçon il est bon de l'avoir préparée, nous demandons la permission d'insister un peu là-dessus pour les nouveaux comices, parce que les anciens n'ont pas toujours paru s'en douter.

Il était consacré par l'usage, chez ces derniers, que le président était à peu près tout et qu'il pouvait dire, dans sa superbe : *le comice, c'est moi !* Mais qu'arrivait-il ? Autant de têtes, autant de sentiments : si le président changeait, les idées du comice faisaient la girouette avec ; — si le même président se faisait vieux, en s'éternisant, le comice traînait, sur la béquille, les idées du temps passé.

Ce système du comice individuel, pour ainsi dire, n'est plus compatible avec le régime d'ensemble organisé, quoique libre, que nous avons enfin, Dieu merci !

Le président d'un comice moderne ne devra plus être que la personnification du règlement, un gérant de société tenu de se mouvoir dans les limites de statuts connus et adoptés d'avance par tous les associés.

Nous supposerons donc maintenant que le comice est en séance et qu'il arrête un premier programme de ses travaux comprenant les points généraux, tels que climat, sol et sous-sol, engrais et amendements, labours simples ou profonds, semailles, assolements et successions de récoltes, machines et instruments spéciaux, cultures fourragères et de plantes sarclées, choix et soin du bétail.

Ces matières sont nombreuses et compliquées. Cependant leur examen et la décision à prendre n'auront plus rien qui dépasse les forces du comice, grâce au cercle qu'il s'est tracé. Nous en aurons la preuve en prenant dans le registre de ses délibérations le procès-verbal de la séance où sont examinées les premières de nos questions, celles du *sol*, du *sous-sol* et du *climat*.

Un membre lit, au nom de la commission qui avait été chargée par le comice de préparer les conclusions relatives à ces questions, un rapport ainsi conçu :

Messieurs, notre circonscription, située au centre du département de la Vienne, jouit des conditions climatériques moyennes de la France, ce pays que *Strabon* et le célèbre *Arthur Yung* se sont accordés à considérer comme doué du ciel le plus favorable à la culture de plantes variées. Un agronome contemporain, *M. Léonce de Lavergne*, a dit de la région de l'Ouest, dont nous faisons partie :

« Quand on jette les yeux sur une carte de France, on voit, entre la Normandie au nord et l'embouchure de la Gironde au midi, s'avancer dans l'Océan une longue presqu'île qui finit au cap Finistère : c'est la région de l'Ouest. Elle comprend les anciennes provinces de Touraine, Maine, Anjou, Bretagne, Poitou, Saintonge et Angoumois.

» Il n'y a presque pas d'hiver dans l'Ouest : les courants d'eau chaude qui viennent des tropiques à travers l'Océan font le tour de la péninsule et y entretiennent une température toujours douce qui, combinée avec l'humidité inséparable de ce voisinage, favorise la végétation. »

« Le climat général de la France, dit à son tour la *Maison rustique*, est tempéré, et, considéré dans son ensemble, il n'est ni sec ni humide ; il se prête merveilleusement à toutes les tentatives des cultivateurs, qui le verront récompenser leurs efforts, s'ils savent choisir avec discernement les cultures convenables à chaque localité. »

Ce peu de mots, Messieurs, nous a paru suffire au but qu'on se propose ici. Nous n'avons pas, en effet, à envisager la question de climat en physiciens et le baromètre à la main ; nous n'avons pas la prétention de faire concurrence aux savants de l'Institut, ni de faire un cours de météorologie. Nous avons dû seulement constater avec précision le fait pratique, la donnée exacte du climat où nous cultivons, et les autorités que nous venons de citer confirment ici l'expérience de tous. Notre climat se prête, Messieurs, à l'introduction de la plupart, pour ne pas dire de toutes les plantes de culture progressive.

Passant maintenant à l'appréciation de notre sol, nous bornerons également notre étude aux points de pure pratique, laissant à la science géologique les investigations qui sont de son ressort.

La *Maison rustique*, notre guide, divise (tome premier, page 21) les terres arables en trois classes, savoir : « 1° les *terres argileuses*, plus ou moins compactes ; 2° les *terres sableuses*, plus ou moins légères ; 3° les *terres calcaires*, plus ou moins pures.

» Le degré de fertilité de ces différentes espèces de terre dépend du mélange qui en a été opéré par la nature ou par la main de l'homme ; chacune d'elles isolément ne possède guère plus de propriétés végétatives que les rochers dont elles proviennent, tandis que leur mixtion constitue tous les sols, depuis les plus médiocres jusqu'aux plus riches, en raison de ce que l'une ou l'autre de ces terres domine, ou bien qu'elles sont combinées dans des proportions convenables. »

La nature avait rangé notre canton dans la catégorie des sols le plus souvent argileux ou sablo-argileux ; l'industrie des cultivateurs n'a jusqu'à présent que bien incomplétement modifié cette constitution primitive de nos terres, qui, pour atteindre le degré de fécondité dont elles seraient susceptibles, réclament par conséquent l'application de tous les remèdes indiqués par la science agronomique pour la mise en valeur des terres argileuses, connues aussi sous les dénominations vulgaires de *terres fortes*, *bornais battants*, etc.

Votre commission vous propose donc, Messieurs, de poser en principe que l'amélioration de l'agriculture dans notre canton repose, avant tout, sur l'emploi des labours fréquents et des amendements stimulants et calcaires. Nous laissons à ceux que vous jugerez à propos de charger de ce travail spécial le soin d'examiner les indications fournies sur ces questions fondamentales des engrais et amendements, tant par la *Maison rustique* que par les traités publiés, sous le titre de *Bibliothèque du cultivateur*, avec le concours du ministre de l'agriculture. Poursuivons :

« En agriculture perfectionnée, vous le savez, Messieurs, la connaissance de la surface arable ne suffit pas, il faut y joindre la connaissance du *sous-sol*.

» On désigne sous cette dénomination la couche de terre, de pierre ou de roche placée immédiatement au-dessous du sol cultivé, et sur laquelle repose celui-ci.

« Quelquefois une couche de sable ou de gravier très mince recouvre une couche d'argile imperméable. Si le terrain n'a pas de pente, l'eau s'amasse dans la couche de sable, comme dans un réservoir, et reflue vers la surface ; alors il s'y forme des fondrières, des places humides ; le terrain devient froid et stérile, parce que l'eau entraîne les particules d'engrais dissoutes, et les dépose dans la couche de sable, où elles sont à peu près perdues pour la végétation. Cette espèce de terrain est une des plus mauvaises, si on ne l'améliore par des saignées qui fournissent un écoulement à l'eau ; mais, à l'aide de ces saignées, ce terrain peut être complétement corrigé. » (*Maison rustique*, t. 1er, p. 51.)

Le plus grand défaut de notre sous-sol est de fournir de nombreux exemples du genre précité. Nous pensons que le drainage s'ajouterait avantageusement aux saignées dont il vient d'être parlé, comme moyen de détruire l'inconvénient des sous-sols argileux en excès.

En résumé, Messieurs, nous sommes dans d'excellentes conditions atmosphériques, et, s'il n'en est pas de même du sol et du sous-sol que nous travaillons, c'est plutôt la faute du cultivateur que du terrain lui même, car il n'est pas de ceux qui opposent aux efforts de l'art une décourageante résistance. Nous devons donc nous appliquer le plus souvent à familiariser nos compatriotes avec les amendements et les façons propres à corriger les vices dérivant de la présence trop prépondérante de l'élément argileux.

Ces conclusions sont mises aux voix et adoptées.

On le voit par ce spécimen, la tâche du comice se réduit à considérer alternativement tantôt les données positives du domaine des faits, tirées en quelque sorte des entrailles de la terre, tantôt les principes agronomiques à appliquer, et qui, presque toujours, sont soigneusement déduits par la *Maison rustique*.

C'est quelque chose comme une conférence de jurisconsultes qui, après le dépouillement attentif d'un dossier et la constatation précise de *l'espèce*, posent et déterminent la question du *quid juris?*

Est-ce une illusion? On croit fermement que si de telles conférences se multipliaient, avec les associations agricoles, sur toute la surface de l'Empire, on ne tarderait pas à voir l'anarchie, souvent déplorée, des esprits en matière agronomique, faire place à une puissante unité d'idées. Or c'est l'idée qui mène l'action.

Une connaissance que les comices ne puiseraient ni dans le sol ni dans les livres, c'est celle du personnel et des tendances de la population respective de chaque circonscription. Mais le contact fréquent et les rapports créés par l'organisation des concours et distributions de récompenses fourniraient l'occasion de se connaître.

2° *Concours*.

Le concours offre aux comices leur moyen de sanction. Les récompenses, les éloges qui s'y distribuent, les observations qui prennent place dans les rapports des commissions confirment par des faits les enseignements que chaque association avait cherché à propager dans sa circonscription. Il va de soi que la plus parfaite concordance devra régner entre ces deux ordres de faits. On ne mettra pas en contradiction ses théories et ses pratiques.

Par l'article 17 de l'essai de règlement que nous avons précédemment établi, il a été statué que les instructions du ministère de l'agriculture et les programmes des concours régionaux serviraient de règle à nos fêtes locales. Voici donc d'abord les explications que fournit le ministère sur *la meilleure marche à suivre pour la distribution des encouragements par les associations agricoles :*

« Cette distribution doit se faire, soit par suite de visite d'exploitations, soit dans un concours, et avoir lieu, s'il s'agit d'une société départementale, dans un arrondissement différent chaque année, de telle sorte que chaque arrondissement bénéficie successivement de la distribution ; ou, si l'association est un comice d'arrondissement, elle doit opérer, tous les ans, alternativement et successivement, soit dans un des cantons formant la circonscription du comice, soit dans un groupe de cantons voisins et rapprochés par l'analogie de leur culture ; enfin, si l'association est un comice de canton, elle devra choisir le lieu de son concours annuel de manière à en faire profiter le mieux possible chaque localité de sa circonscription, à tour de rôle.

» Les encouragements qui nécessitent des visites d'exploitation sont ceux qui se donnent :

» 1° A l'exploitation la mieux dirigée, entretenant le mieux, relativement à sa surface, la plus forte proportion du meilleur bétail.

» Pour cette prime, on doit tenir compte de la nature du sol, des différences de la situation ou de toute autre condition particulière digne d'être notée : le meilleur mode d'apprécier la quantité d'animaux nourris sur l'exploitation est d'en évaluer approximativement le poids vif;

» 2° A l'exploitation ayant, toutes circonstances étant prises d'ailleurs en considération, la plus forte proportion de cultures fourragères, comparativement à son étendue;

» Les diverses plantes cultivées pour l'alimentation des animaux ayant des valeurs proportionnelles fort différentes, il faut faire ressortir ces différences : ainsi, on pourrait compter 1 hectare de racines pour 4; 1 hectare de luzerne pour 3; 1 hectare de prairies irriguées pour 2; 1 hectare de trèfle, sainfoin, fourrages annuels, pour 1; 1 hectare de pré sec ou non arrosé pour 1/2;

» 3° Aux cultures fourragères de toute nature, sarclées ou fauchées; racines, prairies artificielles ou naturelles : forte portion, extension, perfectionnement de culture, irrigation, introduction dans la contrée;

» Se reporter, pour l'évaluation, à l'article 2;

» 4° Au plus bel ensemble de bétail, soit de trait, soit de rente, entretenu sur une exploitation : chevaux, bœufs, moutons, etc.;

» Voir, pour l'évaluation, à l'article 1er;

» 5° A l'emploi des amendements calcaires ou autres, suivis de résultats heureux : marne, chaux, cendres minérales, etc.;

» 6° A la meilleure disposition des étables, bergeries et écuries, et notamment à leur ventilation au moyen de cheminées d'appel, et au pavage ou planchéiage propre à faciliter l'écoulement des liquides dans une fosse à purin;

» 7° A la meilleure disposition des fumiers, et particulièrement à l'emploi des engrais liquides, etc.; utilisation d'engrais négligés dans le pays;

» 8° Aux défrichements, assainissements et

mise en valeur de terres précédemment incultes;

» 9° Au reboisement;

» 10° Aux perfectionnements dans un art agricole : sylviculture, horticulture, sériciculture, viticulture, sucrerie, féculerie, meunerie, etc.;

» 11° A la moralité des serviteurs ou servantes de ferme, laboureurs, bergers, vachers, vignerons, gardes champêtres, etc.

» Lorsque des associations auront à distribuer des prix, médailles ou primes nécessitant visite de plusieurs exploitations, elles devront nommer soit une commission, soit des sous-commissions, soit enfin des commissaires opérant chacun isolément, et se partageant ainsi le travail à faire. En employant le dernier mode, c'est-à-dire les commissaires isolés, on rendra le travail très-facile, et chacun des commissaires pourra n'avoir qu'un espace restreint à parcourir et n'aura à étudier qu'un très-petit nombre de domaines.

» Les renseignements recueillis par ces commissaires seront consignés sur des bulletins en blanc, qui devront être transmis en original au ministère, immédiatement après la distribution des récompenses. Cet envoi devra comprendre les bulletins de toutes les exploitations admises à disputer les encouragements.

» Les primes à décerner dans les concours sont attribuées :

» 1° A la multiplication et à l'amélioration des animaux des espèces bovine, ovine et porcine;

» 2° A l'habileté des laboureurs, à la perfection et à la rapide exécution du travail;

» 3° Aux modifications utiles apportées dans la construction des instruments, machines et outils aratoires.

» Dans la première comme dans la seconde

catégorie, nulle prime ne pourra être inférieure à 25 fr.

» Toute prime de 50 fr. et au dessus devra être accompagnée d'une médaille, qui sera en bronze pour les primes de 50 à 100 fr. exclusivement, et en argent pour celles de 100 fr. et au-dessus.

» Les encouragements qui nécessiteront des visites d'exploitation ne devront être accordés par les associations de département que pour les exploitations situées dans l'arrondissement où se tiendra le concours, et par les comices d'arrondissement, que pour celles qui seront comprises dans le canton ou le groupe de cantons où se fera la distribution. Les autres encouragements attribués par voie de concours ne seront pas soumis à la regle ci-dessus indiquée. »

Une cause de lenteur et parfois de dissentiments animés au sein des jurys d'examen dans les concours vient de ce qu'avant d'entrer en opérations, on ne s'est pas fixé préalablement sur les données générales, les principes qui serviront de point de repère aux jugements.

Par exemple, vous avez à apprécier un labour. Mais l'un se placera au point de vue du labour profond, quand l'autre aimera mieux moins d'entrure du soc. Celui-ci sera partisan d'une planche renversée platement à chaque tour, tandis que celui-là préfère une inclinaison quasi-verticale. Comment voulez-vous qu'on s'entende en partant de points aussi opposés?

On éviterait de tels malentendus, si d'abord on s'était fait ce raisonnement : chaque manière d'attaquer le terrain a sa raison d'être suivant les cas : rien d'absolu ; mais nous devons voir en premier de quelle sorte de labour nous avons à nous occuper dans l'espèce. Est-ce un premier labour ? nous voudrons que toute la couche arable soit remuée. Un défrichement? tranchez mince et versez à plat. Un second labour, un ensemencement sous raie? le soc devra plutôt passer entre deux guérets, etc.

Il est plus aisé de s'accorder sur ces questions de principes, avant d'opérer, que de faire céder ensuite des opinions divergentes sur les faits examinés.

Un autre obstacle à l'accord promptement acquis entre jurés, c'est la différence dans les procédés d'appréciation.

La méthode par chiffre deviendra familière à tout le monde, comme la plus sincère et la plus commode, quand l'habitude des concours se sera plus répandue. Il est utile, en attendant, d'en signaler les avantages, pour donner à ceux qui ne connaissent pas ce procédé si simple l'envie de se l'assimiler. Au lieu d'exprimer votre sentiment par des nuances et un langage discutables, dites-vous : nous coterons par des numéros, depuis 0 jusqu'à 10, la valeur attachée par chacun de nous à tels, tels et tels détails. Le maximum des numéros emportera le premier rang, et les autres concurrents viendront à la suite dans l'ordre décroissant de leur somme de chiffres. Plus de discussions alors ! chacun raisonne avec sa seule conscience. Le verdict ne demande plus que le temps de faire une addition.

Puisque nous avons entamé ce chapitre des observations de détail, il en est encore quelques-unes qu'il est bon de noter à part :

1° Les programmes de concours régionaux admirent, au début, les jurés de sections diverses à être concurrents en même temps que membres de jury. Cette espèce de fausse position de juge et partie n'a pas tardé à indisposer l'opinion si droite du caractère français, et l'administration de l'agriculture a interdit en conséquence le cumul sur une même tête de la double qualité de concurrent et de juré.

Dans les concours locaux, devra-t-on obéir aux mêmes susceptibilités ? Oui, croyons-nous, et à plus forte raison peut-être que dans les solennités d'ordre supérieur ; car plus on est près les uns des autres, plus le ménagement des amours-propres est chose délicate, et plus les froissements d'intérêts ou de vanité ont d'occasion de s'irriter et de se prolonger, au détriment de l'utilité générale.

Mais alors, dira-t-on, l'on exclut ainsi des concours locaux leurs meilleurs éléments. Les hommes qui pratiquent les cultures les plus avancées, ceux qui possèdent les meilleurs bestiaux, seraient aussi ceux qui pourraient fournir les juges les plus compétents.

S'ils ne sont que concurrents, le progrès aura donc pour tribunal une délégation de routiniers ? Quelle absurdité ! S'ils sont jurés, au contraire, leur bétail, leurs cultures, resteront donc à l'écart ? Ils n'auront aucun intérêt à les exhiber ; la fleur des concours locaux sera donc frappée d'ostracisme préalable et de bannissement ? Quels beaux exemples perdus pour le public !

Il y aurait peut-être moyen de concilier ces idées, en admettant, comme dans les Sociétés de secours mutuels, des associés de diverses sortes dans les comices agricoles : aux uns la seule gloire, les médailles, les diplômes d'honneur, et, en un mot, les récompenses purement honorifiques décernées au scrutin secret par le bureau ; ce serait, si l'on veut, la section honoraire du concours ; elle se composerait nécessairement de la portion la plus riche, la plus éclairée et la plus désintéressée de chaque circonscription. L'option qu'ils auraient faite en faveur de la section honoraire y rangerait leurs exemples sous les yeux de la foule, tandis que leur jugement, exempt de tout soupçon de partialité, serait à la disposition du comice pour la section ordinaire du concours, celle dont les récompenses rapporteraient, selon l'ancien usage, tout à la fois gloire et profit, louanges et argent. C'est une idée de solution ; de plus avisés ou l'expérience en feraient trouver d'autres.

2° L'époque des concours est à peu près unique et partout la même, quoique l'objet des concours soit multiple et variable, selon la saison. N'y aurait-il pas là une mesure d'amélioration à introduire ? On l'a déjà fait en matière horticole ; des concours spéciaux ont été appropriés par la Société centrale à chaque branche importante d'horticulture ; voilà un précédent digne d'attention et qui met sur la trace du chemin à suivre également en fait d'agriculture proprement dite.

Mais on objectera qu'avec toutes ces restrictions, ces divisions, ces sectionnements, on rendra l'abord et l'organisation des concours difficiles, et que, comme chacun craint sa peine, ils seront déserts.

Malheur à notre agriculture si pareille supposition n'était pas une calomnie ! Non, il faut l'espérer, le progrès ne serait pas enrayé par de si mesquines considérations. Le sentiment du bien public est plus vif dans la campagne que partout ailleurs. L'agriculture a son patriotisme, son honneur de clocher très-vif, et ici très-respectable. Il suffirait de savoir appuyer sur cette fibre pour être sûr que chaque circonscription ne laisserait pas dépeupler ses concours.

CONCLUSION.

Merveilles de l'agriculture moderne. — Appel à tous.

L'élan est donné, n'hésitons pas à le suivre partout ; pénétrons-nous de l'immensité des résultats à atteindre, et mettons dans tous les coins et recoins l'agent de la propagande agricole, le comice chargé de servir d'intermédiaire à la transition entre l'ancienne agriculture et l'agriculture moderne. Voyez-le !

Chaque année, les rapports sur la prime d'honneur des concours régionaux signalent des exploitations où l'exemple a été donné de cette heureuse métamorphose. Ne serait-elle pas, en se généralisant, la plus grandiose révolution économique, la fortune de la France ?

Le feuilleton agricole du *Moniteur universel* en citait encore dernièrement une preuve saisissante et que nous voulons reproduire, pour prouver d'un seul coup ce qu'il y a de puissance enfermée dans ce mot bien compris et bien appliqué : *l'agriculture moderne*.

Voici cette notice sur la *Champagne et sa transformation* :

» Une ère nouvelle s'ouvre pour cette partie de la Champagne, dont un surnom trivial mais caractéristique atteste la pauvreté. Le progrès agricole a pénétré sur ce sol aride, crayeux, dont l'ancien mode d'exploitation n'était plus en rapport avec les besoins actuels. L'heure est venue enfin où les vastes plaines de cette contrée, laissées en friche la plupart du temps, vont diminuer graduellement d'étendue et payer largement en produits ce qu'on leur aura donné en engrais.

» L'Empereur, dans sa constante sollicitude pour nos intérêts agricoles, a compris toute l'importance de cette régénération de la Champagne, ainsi que la nécessité de réaliser sur une grande échelle ce que d'habiles cultivateurs avaient entrevu et tentaient d'opérer. Comme dans les Landes, dans la Sologne et sur d'autres points, Sa Majesté a voulu accélérer le progrès et donner elle-même l'exemple.

» C'est dans ces vues généreuses que huit fermes considérables ont été créées et distribuées à des distances à peu près égales tout autour du camp de Châlons, de manière à faire de leurs champs et de leurs prairies une luxuriante ceinture à ce grand établissement militaire qui n'embrasse pas moins de cent kilomètres carrés. Ces fermes sont celles du Quartier-Impérial, de Bouy, de Vadenay, de Cuperly, du Piémont, de Suippes, de Jonchery et de Saint-Hilaire.

» Les établissements dont il s'agit font de l'engrais (fumier, engrais humain, guano, etc.) la base de leurs opérations. Indépendamment des ressources qu'ils peuvent trouver dans le camp, ils produisent maintenant près de 10,000 mètres cubes de fumier par an, et leur avenir est désormais pleinement assuré. En 1858, ils ne disposaient que de 150 hectares mis en valeur; cette surface, successivement accrue, a atteint, en 1863, 2,000 hectares sur lesquels les céréales, les racines et les fourrages viennent à souhait. Le succès des fermes impériales n'a pas passé inaperçu; il devait en être ainsi, et chaque jour, dans le pays, voit augmenter le nombre des cultivateurs qui entrent résolûment dans la voie que leur trace une auguste initiative. Le temps est loin où Arthur Young pouvait, sans s'écarter de la vérité, tracer, dans ses *Voyages de France*, un navrant tableau de la Champagne. Le système d'exploitation rurale suivi par les fermes a convaincu les plus incrédules que nulle terre ne paye mieux que celles de cette contrée les dépenses faites en acquisition d'engrais ; c'est à qui abandonnera désormais la culture d'épuisement qui y régna trop longtemps en souveraine pour recourir aux éléments infaillibles de fertilité que le camp de Châlons offre en si grande abondance à l'agriculture locale.

» On sait que la Champagne est par excellence le pays du mouton. Nul animal ne prospère mieux sur ces collines sèches et recouvertes d'une herbe fine, rare, mais très-nourrissante. Aussi l'espèce ovine constitue-t-elle pour les fermes impériales la principale branche d'exploitation ; on y apporte les plus grands soins à constituer des troupeaux d'élite qui, chaque année, sont épurés par la reforme des élèves et des bêtes défectueuses. Nul doute que ces troupeaux, formés de bêtes mérinos dont les toisons trouvent un écoulement immédiat sur le marché de Reims, ne deviennent un jour pour la Champagne et même pour les pays étrangers une source précieuse de reproducteurs de choix. Les cultivateurs du pays apprécient déjà vivement les béliers qui en proviennent.

» Le cheptel en bêtes ovines que les huit fermes du camp possèdent actuellement n'est pas moindre de 7,193 têtes, et ce nombre n'est pas destiné à rester stationnaire : il sera successivement accru à mesure que l'extension des cultures fourragères viendra fournir de nouvelles ressources pour la nourriture des animaux. Le produit général de la tonte a été, cette année, de 17,454 kilogrammes de laine. Si l'on ajoute à cela des quantités considérables du meilleur fumier, quelque chose comme 7,000 mètres cubes, on reconnaîtra sans peine combien est fructueux dans les fermes du camp cette branche d'industrie rurale.

» Dans l'état actuel des choses et en présence de la supériorité marquée qu'offrent les moutons sur l'espèce bovine au point de vue économique, on a dû nécessairement subordonner complétement, dans les fermes impériales, l'accroissement des troupeaux de vaches à celui des troupeaux de bêtes ovines, sauf à modifier plus tard ce système et à le mettre en rapport avec le degré de fertilité des terres. Les vaches que possèdent les fermes appartiennent toutes à cette mignonne race bretonne qui est on ne peut mieux appropriée à l'état des cultures du camp. Véritable mouton de l'espèce, robuste, agile, la vache bretonne n'est pas embarrassée de se nourrir, durant une grande partie de l'année, sur les pâturages, comme les brebis, et l'on a remarqué qu'elle donne, en proportion de sa taille, beaucoup plus de lait que la vache du pays. Ainsi, dans la ferme de Bouy, le produit moyen par tête et par jour a été de 4 litres 964 ; ce produit a été de 4 litres 650 à la ferme du Quartier-Impérial, et de 4 litres 44 dans les fermes de Cuperly et de Saint-Hilaire. Le cheptel, au mois dernier, était de 13 taureaux, 318 vaches et génisses et 54 veaux, soit un total de 385 animaux. La production en lait du 1er janvier 1862 au 30 avril 1863 a été de 260,652 litres, ce qui représente par douze mois 163,000 litres, dont la plus grande partie a été livrée à la consommation.

» L'effectif normal des bêtes de travail est, pour chaque ferme, de huit juments qui suffisent à tous les besoins de la culture. Saillies par des étalons de choix, ces juments n'ont pas donné, depuis 1860, moins de 98 poulains et pouliches, sur lesquels 74 ont été livrés au commerce.

» Personne, sans doute, ne sera étonné d'apprendre que les fermes du camp disposent des instruments aratoires les plus perfectionnés et de tout ce qui constitue le matériel agricole moderne. Des concours se rattachant à diverses opérations de la culture y ont déjà eu lieu et ont permis de se prononcer en toute connaissance de cause sur le mérite respectif des instruments appelés à entrer en lice. S. Exc. le maréchal Vaillant, ministre de la Maison de l'Empereur et des Beaux-Arts, qui est lui-même un maître dans la science agricole, encourage libéralement tous ces essais. Chaque année des médailles sont décernées aux plus méritants parmi les divers agents de l'exploitation, chefs de cultures, laboureurs, bergers, vachers, qui tous rivalisent de zèle et d'ardeur dans l'accomplissement de la tâche qui incombe à chacun d'eux. M. Eugène Tisserand, chef de la division des établissements agricoles de la Couronne, est chargé de la direction générale des fermes, et il apporte dans ces délicates fonctions l'esprit d'organisation et de suite et les connaissances pratiques dont il a déjà donné tant de preuves.

» Au résumé, sur un sol complétement nu, où tout était à faire, huit grandes fermes ont surgi, armées de toutes pièces. La culture s'est emparée de 2,000 hectares de terres en friche, et de belles prairies ont couvert un espace de 435 hectares. »

Admirable! s'écriera-t-on, mais plus admirable qu'imitable, car enfin, de bonne foi, qui voulez-vous qui puisse enrôler au service du progrès agricole de pareilles masses d'hommes, d'engrais et de ressources en tout genre?

Qui? dites-vous, qui? eh bien, les comices, parce qu'ils seraient tout le monde, s'ils étaient ce qu'ils doivent être, ce que la loi, ce que l'administration éclairée de l'agriculture les adjurent de devenir. Oui, les comices alors, ce serait tout le monde, et quelle force, en ce cas, que la leur!

Les merveilles du camp de Châlons ne seraient qu'un jeu pour cette puissance de tous qui a pu, dès qu'elle l'a voulu, exécuter un immense réseau de chemins de fer et des lignes sans fin de communications vicinales.

Ce que tout le monde veut, Dieu le veut; que les comices fassent partout comprendre pourquoi et comment tout le monde doit vouloir le progrès et la transformation de notre agriculture, le reste ira tout seul.

Ce ne sont pas les forces qui manquent, c'est la lumière, c'est la volonté.

Comices, saisissez le flambeau qui vous est offert d'en haut, portez-le partout; éclairez vos circonscriptions; créez la pioche et la charrue intelligentes; centuplez par l'usage vulgarisé des machines agricoles les bras de vingt-cinq millions d'agriculteurs, c'est à cette belle mission que la France vous convie! *Sursum corda!* organisez-vous! renouvelez la face de la terre!

BIBLIOTHÈQUE IMPÉRIALE

FIN.

TABLE.

BIBLIOTHÈQUE ...

Poitiers — Typ. de A. Dupré.

BIBLIOTHÈQUE DU CULTIVATEUR

Publiée avec le concours du Ministre de l'Agriculture:

25 volumes in-18 à 1 fr. 25 c. le volume.

TRAVAUX DES CHAMPS, par Victor Borie. 188 p. et 121 grav.

AGRICULTEUR COMMENÇANT (Manuel de l'), par Schwerz, traduit par Villeroy. 5e édit., 532 p.

CULTURE GÉNÉRALE ET INSTRUMENTS ARATOIRES, par Lefour. 1 vol. in-18 de 160 p. et 140 grav.

FERMAGE (estimation, plan d'amélioration, baux), par de Gasparin, membre de l'Institut, ancien ministre de l'agriculture, 3e édit., 384 p.

MÉTÉYAGE (contrat, effets, améliorations), par de Gasparin. 2e édit., 166 p.

SOL ET ENGRAIS, par Lefour. 170 p et 312 grav.

FUMIERS DE FERME ET COMPOSTS, par Fouquet. 2e édit., 200 p. et 19 grav.

MÉDECINE VÉTÉRINAIRE (Notions usuelles de), par Sanson. 1 vol. de 180 p.

NOIR ANIMAL (Le). Analyse, emploi, vente ; par Bobierre. 156 p. et 7 grav.

PLANTES RACINES, par Ledocte. 1 vol. de 230 p. et 24 grav.

PRAIRIES, par de Moor. 1 vol. in-18 de 210 p. et 67 grav.

CHOUX. Culture et emploi, par Joigneaux. 1 vol. in-18 de 180 p. et 14 grav.

HOUBLON, par Erath, traduit par Nicklès. 136 p. et 22 grav.

RACES BOVINES, par Dampierre. 2e édit., 196 p. et 28 grav.

BÊTES BOVINES (L'Eleveur de), par Villeroy. 500 p. et 60 grav.

VACHES LAITIÈRES (Choix des), par Magne. 144 p. et 39 grav.

ANIMAUX DOMESTIQUES, par Lefour 1 vol. in-18 de 162 p. et 57 grav.

CHEVAL, ANE ET MULET, par Lefour. 1 vol. de 162 p. et 300 grav.

ENGRAISSEMENT DU BŒUF, par Vial. 1 vol. in-18 de 180 p. et 12 grav.

CHEVAL (Achat du), par Gayot. 1 vol. de 216 p. et 25 grav.

BASSE-COUR, PIGEONS ET LAPINS, par Mme Millet. 4e édit., 180 p., 31 gr.

POULES ET ŒUFS, par E. Gayot. 1 vol. de 216 p. et 35 grav.

ÉCONOMIE DOMESTIQUE, par Mme Millet. 5e édit. 245 p. et 78 grav.

CONSTRUCTIONS ET MÉCANIQUE AGRICOLES, par Lefour. 160 p. et 141 gr.

COMPTABILITÉ ET GÉOMÉTRIE AGRICOLES, par Lefour. 204 p. et 104 grav.

Cette série de petits traités spéciaux, ornés d'un grand nombre de gravures, est publiée avec le concours du Ministre de l'Agriculture ; c'est assez dire que la rédaction en a été confiée à des écrivains dont le nom connu en agronomie était une garantie de la valeur du livre. Ces traités, écrits simplement et sagement, sont indispensables à tous les hommes pratiques.

Poitiers.— Typ. de A. Dupré.

BIBLIOTHEQUE NATIONALE DE FRANCE
3 7531 04114292 9

www.ingramcontent.com/pod-product-compliance
Ingram Content Group UK Ltd.
Pitfield, Milton Keynes, MK11 3LW, UK
UKHW021507260726
13993UKWH00004B/1597